Die

Beeinflussung der Waschwirkung
von Seife und Seifenpulver
durch Wasserglasfüllung

Von

Dr. W. Zänker und Karl Schnabel

Springer-Verlag Berlin Heidelberg GmbH
1917

Mitteilung aus dem Laboratorium der Färberei-Schule in Barmen
zugleich
Sonderabdruck aus „Der Seifenfabrikant" 1917, Heft 19—24.

ISBN 978-3-662-42278-6   ISBN 978-3-662-42547-3 (eBook)
DOI 10.1007/978-3-662-42547-3

Vorwort.

Die vorliegende Arbeit wurde schon längere Zeit vor dem Kriege begonnen, aber erst im dritten Kriegsjahre fertiggestellt. Die Ursache der Ausdehnung über einen so langen Zeitraum liegt, neben den in der Arbeit erwähnten technischen Schwierigkeiten, in der starken dienstlichen Inanspruchnahme der beiden Verfasser, die nur eine ganz gelegentliche Fortführung der Untersuchungen gestattete. Trotzdem ist die Arbeit eine ausgesprochene Friedensarbeit, weil sie sich ausschließlich auf die Zusammensetzung von Seifen und Waschpulvern vor dem Kriege bezieht, die voraussichtlich, nach dem Kriege wieder die gleiche sein wird. Bei der außerordentlich großen Bedeutung des Wasserglases als Kriegswaschmittel dürfte sie aber gerade auch in der gegenwärtigen Kriegszeit besonderes Interesse finden.

Von befreundeter Seite wurden uns außer den mitgeteilten noch sehr zahlreiche Hinweise auf Literaturstellen zur Verfügung gestellt, die sich gleichfalls auf die Einwirkung von Wasserglas auf die Wäsche bezogen. Es schien uns jedoch richtiger, von einer Erwähnung derselben abzusehen, weil sie sich sämtlich nicht auf exakte Prüfungen und einwandfreie Untersuchungen stützten, sondern nur auf zufällige Beobachtungen und mehr gelegentliche Versuche. Wie leicht die Resultate solcher von unkontrollierbaren Nebenumständen beeinflußt werden und wie wenig sie sich daher zu einer ganz einwandfreien Beurteilung der Sachlage eignen, erfuhren wir oft genug bei unseren eigenen Arbeiten.

Gewiß hätten sich bei einer weiteren Fortsetzung der vorliegenden Untersuchungen noch manche praktisch wertvolle Resultate gewinnen lassen, doch wollten wir den Abschluß nicht noch länger hinausziehen.

Die Verfasser.

Barmen, im Juli 1917.

Die Wichtigkeit der im Titel genannten Frage für die Industrie und den Haushalt macht ihre häufige Erwähnung in der einschlägigen Fachliteratur erklärlich. Fast immer findet man hierbei die Ansicht, daß ein Füllen der Seife mit Wasserglas schädlich sei und die Haltbarkeit der Wäschestücke erheblich beeinträchtige. Forscht man weiter, worauf die Verfasser ihre Ansicht begründen, so findet man höchstens einige theoretische Anschauungen, jedoch keinerlei experimentelles Material, welches geeignet wäre, derartige Ansichten zu stützen. Auch uns gelang es, trotz Durchsicht einer sehr umfangreichen Literatur, nur einige wenig eingehende Untersuchungen über die Waschwirkung des Wasserglaszusatzes aufzufinden. Anderen Verfassern scheint es ähnlich gegangen zu sein wie uns, wenigstens glauben wir dies besonders aus zwei neueren Veröffentlichungen entnehmen zu dürfen. Beide stützen sich nur auf eine recht alte Literatur und zwar die eine davon auf die Theorien von Chevreul und Berzelius. Allerdings müssen diese auch heute noch als die maßgebenden angesehen werden. Das Wasser dissoziiert hiernach die Seife in saures fettsaures Salz und freies Alkali. Letzteres verseift die etwa vorhandenen Fettstoffe und wirkt auch in sonstiger Beziehung reinigend. Ebenso spalten sich die kieselsauren Alkalisalze. Das freiwerdende Alkali bewirkt eine Ersparnis an Seife, während sich in hartem Wasser durch chemische Umsetzung gleichzeitig kieselsaures Kalzium bildet, wodurch das Wasser gereinigt und weicher wird.

Eine andere Arbeit ist von Vohl und wurde im Jahre 1872 in der Berliner Muster=Zeitung veröffentlicht. Dieser Verfasser beschäftigt sich mit den beim Gebrauch von wasser= glasgefüllten Kali= und Schmierseifen durch die Bildung von unlöslichen Salzen entstehenden Nachteilen. Durch Ein= äschern von Baumwoll= und Leinengeweben stellte er einen bedeutenden Kieselsäuregehalt fest, den diese Gewebe vor dem Waschen nicht besaßen. Die Fasern sind gleichsam mit Kiesel= säure imprägniert worden, und es unterliegt keinem Zweifel, daß ein solches Gewebe beim Gebrauche einem stärkeren Ver= schleiß unterworfen sein wird, weil die zwischen den einzelnen Fasern abgelagerte Kieselsäure durch ihre rauhe Beschaffen= heit reibend wirkt. Die Oberfläche der Gewebe wird uneben und wollig; die Einzelfasern zeigen an ihrer Oberfläche Ein= schnitte.

Ähnliche Beobachtungen hatte schon im Jahre 1865 Calvert bei der Untersuchung von mit Wasserglas behan= delten Geweben gemacht. Auch hier war ein bedeutender An= teil der Kieselsäure in Wasser unlöslich geworden und zum größten Teile von der Baumwolle fixiert, indem das Silikat durch die Kohlensäure der Luft zersetzt und kohlensaures Alkali und freie Kieselsäure entstanden waren. Nach diesen älteren Beobachtungen vermag nicht nur die in der atmosphärischen Luft enthaltene Kohlensäure das kieselsaure Natron zu zer= setzen, sondern auch die Baumwollfaser selbst besitzt das Ver= mögen, die Kieselsäure des in der Lösung dissoziierten Salzes zu fixieren und so eine Anreicherung der Lösung an Alkali zu verursachen. Durch die Einwirkung, sowohl des ätzenden, als auch des kohlensauren Alkalis, soll die Festig= keit der Faser in hohem Maße beeinträchtigt werden, beson= ders weil bei längerer Berührung mit derselben ein Oxyda= tionsprozeß stattfindet. Überdies ist es wahrscheinlich, daß die durch Ablagerung von Kieselsäure in den Faserzellen ver=

anlaßte Volumvergrößerung der Fasern das Morschwerden des Gewebes begünstigt.

Schelhaß[1]) äußert in einer kurzen Abhandlung ähnliche Ansichten; er bringt jedoch wesentliches experimentelles Material nicht vor. Nach Ansicht von Kind[2]) beruht die angebliche Bleichwirkung des Wasserglases auf Selbsttäuschung, und in Wirklichkeit wird ein besseres Weiß nur vorgetäuscht, weil sich große Mengen von Kalziumsilikat auf den Fasern niederschlagen; die Fasern sollen, so zu sagen, weiß getüncht werden. Deshalb soll aber das Gewebe nicht etwa weniger dem Vergilben ausgesetzt sein, sondern im Gegenteil durch den hohen Kalkgehalt das Vergilben der Fasern beschleunigt werden.

Vohl hat bei der Untersuchung der Wasserglasseifen vergleichende Proben gegenüber einer reinen Ölschmierseife an denselben Zeugen angestellt. Hierbei hat er nicht die geringste mechanische Einwirkung des Wasserglases auf die Pflanzenfaser wahrgenommen. Nebenbei berichtet er über den höchst nachteiligen Einfluß, den eine aus Leinewand, die mit wasserglashaltiger Seife gewaschen worden war, gezupfte Charpie, auf den Zustand der Wunden ausübte. Jedesmal wenn dem Verwundeten im Quartier ein solcher Verband angelegt wurde, nahm die Wunde einen höchst entzündlichen Charakter an, während dies im Spital beim Verbinden mit reiner Charpie nicht der Fall war.

Einer Anregung des Verbandes Deutscher Seifenfabrikanten folgend, haben wir es uns zur Aufgabe gemacht, den Einfluß der Wasserglasfüllung auf die Waschwirkung von Seife und Seifenpulver genau zu studieren. Durch das besondere Entgegenkommen eines der Herren Vorsitzenden war es uns möglich, für unsere Untersuchungen ausreichende Mengen von ganz einwandfreiem, erstklassigem Material zu erhalten. Wir möchten nicht unterlassen, ihm auch an dieser

---

[1]) W. v. Schelhaß, Bayrisches Gewerbeblatt 1872, S. 203
[2]) Dr. W. Kind, Die Wirkung der Waschmittel auf Baumwolle und Leinen. Verlag von A. Ziemsen, Wittenberg, Bez. Halle.

Stelle unsern verbindlichsten Dank für die liebenswürdige Unterstützung unserer Arbeiten auszusprechen.

Den vergleichenden Untersuchungen wurden die folgenden vier Waschmittel zu Grunde gelegt:

1. eine wasserglasfreie, aus 60 % Kottonöl und 40 % Palmkernöl gesottene neutrale weiße Kernseife,
2. dieselbe Kernseife, der vor dem Formen 20 % Wasserglas 38/40° Bé. und die zur Verhütung des Auskrystallisierens notwendige Menge von 5 % Natronlauge zugesetzt worden war,
3. ein normales, 30 % Fettsäure enthaltendes Seifenpulver,
4. dasselbe Waschpulver hergestellt, indem das neutralisierte Wasserglas dem noch flüssigen Seifen-Sodagemisch zugesetzt und nach dem Erstarren das Mahlen vorgenommen wurde. Der Zusatz betrug ebenfalls 20 % Wasserglas und 5 % Natronlauge.

Diese vier Proben wurden auf unseren Wunsch in den Betriebsräumen der Seifenfabrik vor den Augen des einen von uns hergestellt, verpackt, versiegelt und uns dann in das Laboratorium übersandt. Ebenfalls auf unseren besonderen Wunsch waren mit Absicht sowohl der gefüllten Seife, als auch dem gefüllten Waschpulver 20 % Wasserglas zugesetzt worden, um möglichst gravierende Unterschiede zu erhalten; denn es ist wohl nicht zu bestreiten, daß, falls sich eine nachteilige Wirkung bei 20 % Wasserglas bemerkbar macht, sie auch schon bei Zusatz geringerer Mengen vorhanden ist. Viele Seifen des Handels dürften wohl auch mehr als 20 % Wasserglaszusatz erhalten.

So einfach die Frage nach einer Beeinflussung von Seife und Seifenpulver durch Wasserglasfüllung auf den ersten Blick erscheint, so schwierig erweist sie sich bei einer genauen Prüfung, weil eine außerordentlich große Anzahl von Punkten beachtet werden muß. Die größten Schwierigkeiten boten sich in der Auffindung geeigneter Versuchsbedingungen und in der Erzielung so gleichmäßiger und brauchbarer Resultate, daß aus ihnen die Wirkung des Wasserglases ohne zu starke Beeinflussung durch andere Momente zweifelsfrei und deutlich hervorgeht. In erster Linie war ein etwa nachteiliger Einfluß des Wasserglases auf die Haltbarkeit und Lebensdauer der Wäschestücke zu prüfen. Selbst Kind gibt an, daß er in dieser Beziehung kein klares Resultat erhielt,[1]) weil ein Waschen unter gleichen Bedingungen nicht möglich war.

Eine der Hauswäsche etwa entsprechende Wäsche an Wäschstücken in der Waschmaschine, auf der Waschreibe oder von Hand hatte nach unseren Erfahrungen in keinem Falle den gewünschten Erfolg. Die hierbei ausgeübte mechanische Reibung hat nämlich einen weit größeren Einfluß auf die Festigkeit des zu prüfenden Gewebes, als ihn der Unterschied in der Zusammensetzung der zu untersuchenden Waschmittel auszuüben vermag. Eine für genaue Untersuchungen genügende Gleichmäßigkeit des Waschgutes ließ sich auf diese Weise nicht erzielen. Stets waren die durch die zufällige und unvermeidlich bald etwas größere oder geringere mechanische Beanspruchung der Wäschestücke hervorgerufenen Unterschiede bedeutender, als die Verschiedenheiten, die sich aus der Verwendung gefüllter oder ungefüllter Waschmaterialien ergaben. Aus dem gleichen Grunde mußte zuletzt sogar das Beschmutzen des Waschgutes vor der Wäsche, das wir vorher durch Abputzen nur staubiger, aber sonst reiner Glasgefäße bewerkstelligt hatten, unterlassen werden.

Ähnliche Gründe haben uns auch veranlaßt, die Prüfung nicht mehr mit Geweben, sondern mit Gespinsten auszuführen. Der zufällig etwas größer oder geringer gewordene Zusammenhang zwischen Kette und Schuß, der durch Abteilen der Gewebestreifen für die Prüfung ausgeübte mechanische Einfluß und andere Nebenumstände machten eine genaue Prüfung von Geweben unmöglich. Leinengarne erweisen sich, selbst bei der Verwendung des besten Mate-

---

[1]) Kind, a. a. O., Seite 6.

rials, als ganz unbrauchbar, weil sie bei der Wäsche nicht nur viel stärker leiden als Baumwolle, sondern auch nach häufigem Waschen anscheinend stellenweise ein Aufdrehen der aus dem harten und etwas spröden Fasermaterial gewonnenen Gespinste stattfindet und bei den Festigkeitsprüfungen ungleichmäßige, plötzlich sehr niedrige Zahlen in den Zahlenreihen vorkommen, ohne daß die Wäsche als solche hierzu einen genügenden Anlaß bietet.

Zweifellos würde das Arbeiten mit vorgebleichtem Prüfungsmaterial den Bedingungen des gewöhnlichen Gebrauches am besten entsprechen. Jede Bleiche, auch die sorgfältigste, beeinflußt jedoch die Gleichmäßigkeit des Gespinstes nicht unwesentlich, weshalb uns die Verwendung ungebleichten Materials zunächst richtiger erschien.

Die Verwendung sehr harten Waschwassers gewährleistet gleichfalls keine ganz gleichmäßigen Resultate, während uns eine Verwendung von destilliertem Wasser den Bedingungen des praktischen Lebens zu wenig zu entsprechen schien. Am richtigsten war deshalb für die grundlegenden Versuche die Benutzung eines guten weichen Waschwassers von etwa $1/2$ bis 1 deutschen Härtegraden.

Bei der Notwendigkeit, die Prüfung und Untersuchung zunächst nur auf Baumwollgarne zu beschränken, erwiesen sich als einigermaßen brauchbar vor allem baumwollene Garne von mittlerer Drehung und Stärke. Außerdem ist zu beachten, daß die Festigkeit der Garne im richtigen Verhältnis zur Größe und Leistungsfähigkeit des benutzten Zerreißapparates steht. Für den von uns benutzten neuen Schopperschen Festigkeitsprüfer mit Wasserantrieb war eine 80/3 Biese besonders gut brauchbar. Eine einigermaßen regelmäßige und gleichmäßige Abnahme der Festigkeit, in der sich allein der Einfluß des Wasserglases wiederspiegeln würde, konnte mit Sicherheit bei keiner der genannten Arten, sondern nur bei dieser Versuchsreihe erhalten werden.

Trotzdem auch bei Anwendung aller dieser Vorsichtsmaßregeln beständig erhaltene Fehlschläge uns schon fast ver-

anlaßt hatten, die Angelegenheit als einer genauen wissen=
schaftlichen und über das bisher bekannte hinausgehenden
Prüfung unzugänglich anzusehen und bei Seite zu stellen, ge=
lang es uns nach genauer Trennung der verschiedenen Ver=
suchsbedingungen zuletzt, eine einigermaßen regelmäßige und
mit unbedingter Sicherheit nur auf den Wasserglasgehalt zu=
rückzuführende Abnahme der Festigkeit bei den aufeinander=
folgenden Wäschen unter den verschiedensten Bedingungen zu
erzielen. Wir durften daraus entnehmen, daß endlich alle
uns unerwünschten Nebenumstände, so weit überhaupt mög=
lich, nunmehr in genügender Weise zurückgedrängt waren und
die Wirkung des Wasserglases, bezw. der gefüllten Seifen und
Seifenpulver gegenüber den reinen Fabrikaten in deutliche
Erscheinung treten konnte.

Die von uns angewandte Methode hat allerdings noch
den Nachteil, daß, um überhaupt einen deutlich sichtbaren
Unterschied zu bekommen, einerseits reine Seife und reines
Seifenpulver und andererseits die entsprechenden gefüllten
Stoffe, und zwar in recht erheblichen Mengen, zusammen ver=
wendet werden mußten. Es ist jedoch anzunehmen, daß auch
bei Verwendung geringerer Mengen oder nur teilweiser Ver=
wendung gefüllter Fabrikate die Unterschiede, wenn auch in
geringerem Maße und später, so doch deutlich in Erscheinung
treten werden.

Wir arbeiteten mit:
    10 g Seife,
    10 g Seifenpulver
    auf je 2 Liter Wasser,

das zu waschende Baumwollgarn wurde hierin jeweils eine
Stunde gekocht. Nach gutem Spülen wurde an der Luft ge=
trocknet und nach 2 bis 3 tägigem Lagern und Wiederauf=
nahme der Luftfeuchtigkeit die Zerreißfestigkeit des Garnes
bestimmt. Die Art der Vornahme dieser Prüfung entspricht
somit etwa der in den Färbereilaboratorien bei der Prüfung
der Waschechtheit der Färbungen üblichen Arbeitsmethoden.

Die Zahl der vorzunehmenden Wäschen mußte bei dieser Arbeitsweise eine außerordentlich große sein. Da der mechanische Verschleiß durch Reiben, Tragen usw. bei den ersten Versuchsreihen fortfällt, bedurfte es einer Mindestzahl von etwa 200 Wäschen, ehe das erhaltene Waschresultat als abgeschlossen angesehen werden durfte. Es war dann aber nicht notwendig, die Festigkeit nach jeder einzelnen Wäsche zu prüfen, sondern wir konnten uns darauf beschränken, diese Prüfung nach je 5 bis 10 Wäschen vorzunehmen. Jede Festigkeitszahl wurde aus dem Durchschnitt von wenigstens 50 Zerreißversuchen berechnet.

Anzahl der Wäschen	Festigkeit ohne Wasserglasfüllung %	Festigkeit mit Wasserglasfüllung %
0	100,00	100,00
10	107,02	105,84
20	102,13	104,62
30	96,29	101,58
40	96,28	96,69
50	97,30	96,87
60	91,52	99,89
70	85,32	97,17
80	88,72	96,65
90	86,09	96,48
100	82,74	93,36
110	82,30	90,66
120	81,03	89,91
130	78,28	88,82
140	79,39	87,50
150	77,06	85,83
160	72,58	82,22
170	70,89	82,20
180	68,24	82,24
190	70,14	81,36
200	71,56	83,38

Erst bei der angegebenen Arbeitsweise gelingt es, die Festigkeitsabnahme des Waschgutes, wie sie durch die Wasserglasfüllung der Seife und des Seifenpulvers verursacht wird, in einer einigermaßen regelmäßig abnehmenden Zahlenreihe zum Ausdruck zu bringen, wobei die ursprüngliche Festigkeit des zu waschenden Baumwollgarnes mit 100 % zu Grunde gelegt werden kann.

In übersichtlicher Weise lassen sich diese Zahlen durch die graphische Darstellung zum Ausdruck bringen, da aus der Form der beiden Kurven die Unterschiede sofort auf das deutlichste sichtbar werden, wenn auf der Abscisse die Anzahl der Wäschen und auf der Ordinate die Abnahme der Zerreißfestigkeit in Prozenten aufgetragen worden ist. Hierbei ist die Kurve der Wasserglaswäsche unterbrochen, die mit reinen Waschmitteln durchgezeichnet, während die feineren Linien die

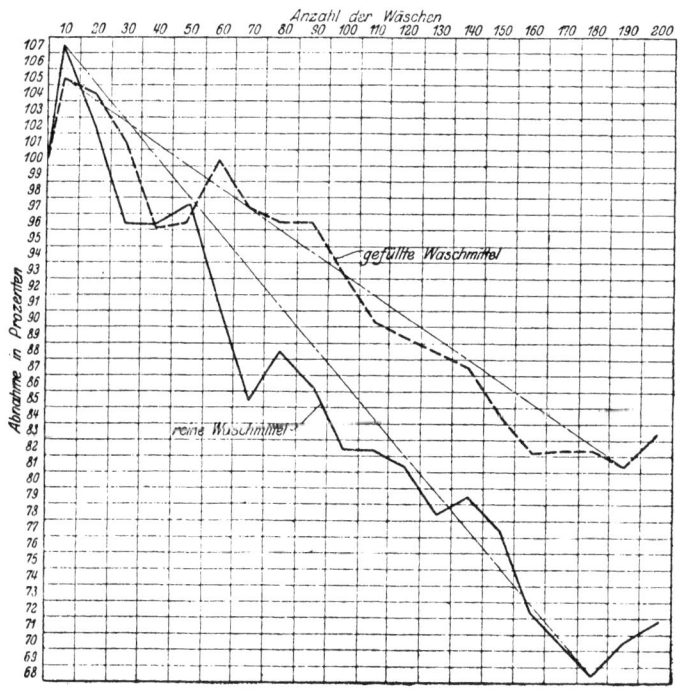

Verbindung des höchsten und des niedrigsten Punktes der Festigkeit darstellen.

Wie besonders aus der Kurvendarstellung sofort ersichtlich wird, sind bei der Vornahme von 200 Wäschen mit wasserglasgefüllter Seife einerseits und mit ungefüllter Seife andererseits, die Kurven noch nicht ganz regelmäßig, jedoch weisen beide nach etwa 50 Wäschen eine recht gute Übereinstimmung auf. Zunächst zeigt sich, wie überhaupt bei den Seifenwäschen, eine nicht unmerkliche Zunahme der Zerreißfestigkeit des Materials, hier in beiden Fällen bis etwa zur 10. Wäsche, vielleicht infolge einer geringen kontrahierenden oder mercerisierenden Wirkung des in den Waschbädern freiwerdenden Alkalis. Die gerade Verbindungslinie zwischen dem höchsten und dem niedrigsten Punkt der Kurve wird in beiden Fällen durch wiederholte kleine Knickungen unterbrochen, die bei der Wasserglaswäsche etwas später erfolgen und geringer sind als bei der mit reiner Seife behandelten. **Beide Erscheinungen können als Beweis dafür gelten, daß die Waschwirkung der mit Wasserglas gefüllten Waschmittel gegenüber reiner Seife und Soda eine geringere ist.** Außerdem zeigt die Kurve, daß die Abnahme, selbst bei 200 Wäschen, ziemlich gering ist, daß also eine Seife und ein Seifenpulver, selbst mit 20 % Wasserglasfüllung, noch als ein gutes und ebenso unschädliches Waschmittel angesehen werden kann, wie die reinen Fabrikate selbst. Besonders geht dies daraus hervor, daß selbst nach 200 Wäschen die Festigkeitsabnahme der Wasserglaswäsche nur 19 % gegen 32 % bei der reinen Wäsche beträgt, daß Wasserglas also besondere faserzerstörende Eigenschaften nicht besitzt.

Genau betrachtet, erscheint ein solches Resultat selbstverständlich, wenn man berücksichtigt, daß in den wasserglasgefüllten Waschpräparaten gerade durch die Füllung, die Menge der eigentlichen Waschmittel ganz erheblich herabgesetzt worden ist. Die für die Wäsche wertvolle Seife und Soda sind zum wesentlichen Teil durch ein weniger wirksames

Surrogat ersetzt worden. Man gibt dieser Tatsache schon im gewöhnlichen Sprachgebrauch dadurch Ausdruck, daß man derartige Seifen als „gefüllt" bezeichnet. Das Füllen ist gewissermaßen ein „Verschneiden" und die Herabsetzung des Waschwertes entspricht der Füllung oder dem Verschnitt. Zweifellos kommt dem Wasserglas eine gewisse Waschwirkung zu, worauf auch in der Literatur schon häufig hingewiesen wurde.[1]) In der Färberei wird sehr häufig das Wasserglas allein zum Waschen von harten Wollgarnen, Litzen und dergl. mit sehr gutem Erfolg benutzt. Die Vorteile der Anwendung des Wasserglases in der Wollwäscherei beruhen vor allem darauf, daß durch Dissoziation viel weniger Alkali frei wird als bei Seifenlösungen und die Wolle dadurch sehr geschont wird. Die Waschwirkung ist jedoch nicht derart, daß es beispielsweise möglich wäre, Wasserglas allein für die Hauswäsche zu verwenden. Versuche, das Wasserglas statt der Seife als Waschmittel zu benutzen, haben im allgemeinen nicht zu günstigen Resultaten geführt. Meistens hat das Wasserglas nicht mehr als Soda geleistet, in keinem Falle aber die Seife ersetzen können.[2]) Es ist nicht unwahrscheinlich, daß sich das Wasserglas als Füllmittel in Seifen ganz anders verhält, als bei Benutzung des reinen Wasserglases. Als Mittel zum Verschneiden, bezw. Füllen oder Abschwächen von an sich so vorzüglicher Waschmittel, wie Kernseife und Soda, sind die geringen Waschwirkungen des Wasserglases

---

[1]) Wasserglas als Seife, Deutsche Musterzeitung 1866, Seite 90.

Die Wirkung von kieselsaurem und kohlensaurem Natron auf die Baumwollfasern, Deutsche Musterzeitung 1866, Seite 25.

Wasserglas zur Wäsche und Bleiche, Deutsche Musterzeitung 1873, Seite 82, 140.

Muspratt's Handbuch der technischen Chemie. 3. Aufl. I. Band, S. 1443. VI. Band, S. 959.

Wasserglas als Waschmittel, Deutsche Musterzeitung 1871, S. 161.

Wolle mit Wasserglas gewaschen, Deutsche Musterzeitung 1874, Seite 52.

[2]) Stohmann, in Muspratt's Handbuch der technischen Chemie. 3. Aufl., VI. Band, S. 445.

immerhin ausreichend. Das Gesamtbild der Kurve zeigt die Tatsache dieser Abschwächung der guten Waschmittel durch ein billigeres Surrogat an jedem Punkte mit großer Deutlichkeit. Trotzdem nach H. Pick[1]) die Menge des aus Seifenlösungen durch Dissoziation frei werdenden Alkalis sehr gering ist, zeigt sich zunächst eine kontrahierende und mercerisierende Einwirkung desselben auf die Baumwolle. Diese ist bei reiner Seife eine erheblich stärkere, als bei Wasserglasseife, wie die größere Festigkeitszunahme bis etwa zur zehnten Wäsche deutlich zeigt. Nach dem Ausgleich dieser Wirkung tritt die durch die größere Waschkraft bedingte deutliche Abnahme der Festigkeit ein. Die Entfernung der beiden Kurven wird mit der Zahl der vorgenommenen Wäschen umso größer, weil der schon bei einzelnen Wäschen deutlich bemerkbare Unterschied im Einfluß des Waschens sich mit der steigenden Anzahl der Wäschen entsprechend steigern muß. Die Menge des durch Dissoziation aus wasserglashaltigen Waschmitteln frei werdenden Alkalis ist demnach nicht so groß, daß darauf irgend eine schädigende Einwirkung auf das Waschgut zurückgeführt werden könnte. Die gefüllten Waschmittel sind im Gegenteil als die milderen anzusprechen, was in direktem Widerspruch zu den Angaben früherer Verfasser, wie Berzelius, Pohl, Kind, Bein u.a., steht.

Das Gleiche ergab sich auch aus den direkten Beobachtungen beim Waschen selbst. Die naturbraune Farbe der rohen Baumwolle wird bei der Anwendung der reinen Materialien mit jeder Wäsche heller und bleibt auch bei fortgesetztem Waschen ziemlich rein weiß. Bei der gleichzeitig und unter genau denselben Bedingungen behandelten Gegenprobe mit wasserglashaltigen Waschmitteln trat dagegen ein ähnlich rein weißes Aussehen überhaupt nicht in Erscheinung. Diese Probe wurde wohl durch eine, wenn auch langsame Entfernung der natürlichen Verunreinigungen der rohen Baumwolle heller, vergilbte jedoch schon merklich, noch ehe diese

---

[1]) H. Pick, Seifenfabrikant 1915, S. 255, 279, 301 u. 321.

vollständig entfernt worden waren. Mit steigender Zahl der mit dem wasserglashaltigen Waschmittel vorgenommenen Wäschen wurde das Vergilben keineswegs schwächer, sondern im Gegenteil, noch ganz erheblich stärker, so daß bei Abschluß der Waschversuche ein deutlich gelb gefärbtes Material erhalten wurde, während das mit reinen Fabrikaten behandelte Waschgut rein weiß blieb. Durch Behandlung mit heißer verdünnter Salzsäure wurde die Gelbfärbung viel heller, was die Entstehung derselben durch einen auf der Faser befindlichen Niederschlag beweist.

Wir sind hiernach überzeugt, daß auch das häufig beobachtete starke Vergilben der Hauswäsche nicht so sehr auf das Liegen der Wäsche zurückzuführen ist, als auf das Waschen mit gefüllten Waschmitteln. Eigentlich ist dies selbstverständlich, wenn man bedenkt, wie wenig Gelegenheit zu langem Liegen die häufig gebrauchte und dabei doch stark vergilbende Leibwäsche meistens hat und wie wenig vergilbt dagegen weniger gebrauchte Wäschstücke manchmal sind, die schon Jahre oder gar Jahrzehnte lang gelagert haben. Eine Erklärung dieses auffallenden Unterschiedes kann nur in der gilbenden Wirkung wasserglasgefüllter Waschmittel gesucht werden.

Neugekaufte Wäsche, oder solche auf dem Lager des Fabrikanten oder in den Läden der Verkäufer vergilbt fast niemals, obwohl sie nach der Herstellung gründlich gewaschen und appretiert worden ist. (Leinen= und Baumwollwaren, Litzen, Spitzen usw.) Auch bildet die Appretur oder die Neuheit der Ware keinen Umstand, der etwa das Vergilben verhindern könnte, wie daraus hervorgeht, daß neue Wäschestücke im Hausgebrauch schon nach zwei= bis dreimaligem Waschen die Erscheinung des Vergilbens zeigen, obwohl dadurch die Appretur noch nicht völlig entfernt worden ist. Der Wäschefabrikant wäscht erfahrungsgemäß nur mit guter Marseiller= oder Textilseife und lehnt sogar die gebräuchliche Kernseife ab, weil er weiß, daß sie auch in guten Qualitäten nur zu leicht Anlaß zu späterem

Vergilben geben kann. Ohne sich dessen bewußt zu sein, beruht diese Ablehnung auf dem Umstande, daß auch die sogenannte gute Kernseife des Handels nur zu leicht geringe Mengen eines Füllmittels enthält. Auch Theiß[1]) gibt an, daß der Fehler stets in der Seife zu suchen ist, wenn ein Nachgilben neuer Bleichware einmal eintritt. Zudem ist bekannt, daß sich bezüglich des Vergilbens alle reinen Kernseifen schon unter sich ganz verschieden verhalten und daß z. B. bei den nichtoxydabelen Fetten ein Vergilben kaum eintritt, wogegen Seifen aus oxydierbaren Fetten dies wesentlich leichter hervorrufen. Seifen aus Talg, Stearin, Kokosöl, Palmkernöl, Olivenöl verändern sich wenig und bleiben schön weiß und die damit gewaschenen Gewebe ebenso. Seifen aus Leinöl färben sich schon nach kurzer Zeit gelb und lassen auch die damit gewaschenen Gewebe schnell vergilben. Es gibt aber auch Fette, wie z. B. das Sesamöl, das sich ähnlich verhält, ohne zu den oxydabelen Fetten zu zählen.

Die schon zitierte Angabe von Kind über die angebliche Bleichwirkung des Wasserglases, die dadurch vorgetäuscht werden soll, daß sich große Mengen von Kalziumsilikat auf der Faser niederschlagen und diese dadurch so zu sagen weißgetüncht werden, hat sich demnach bei unseren Versuchen nicht bestätigt, wohl aber die bekannte Erscheinung, daß in magnesiumhaltigem Wasser gewaschene Seifen stärker dem Vergilben ausgesetzt sind, als in nur kalkhaltigem.

Deshalb ist auch die Empfehlung von wasserglasgefüllten Waschmitteln im Handel als „Bleichseife oder Bleichpulver" sehr wenig berechtigt.

Ein Aufschluß über diese interessanten Erscheinungen konnte durch zahlreiche Aschenbestimmungen erhalten werden. Es fanden sich hierbei nicht nur die Angaben von Vohl, Kind u. a. betreffend einer starken Zunahme des Aschengehaltes der mit Wasserglaswaschmitteln behandelten Wäsche be-

---

[1]) Dr. F. C. Theiß, Die Strangbleiche, S. 364.

stätigt, sondern auch ein mit der Anzahl der Wäschen ziemlich gleichmäßiges Ansteigen bei den regelmäßig ausgeführten Aschebestimmungen. Bei der unter genau denselben Bedingungen mit reinen Waschmitteln ausgeführten Wäsche blieb der ursprüngliche natürliche Aschegehalt der Faser fast stets derselbe, wie dies aus den nachstehenden Zahlen ersichtlich ist:

Ursprünglicher Aschegehalt des Garnes   0,45 % Asche

Reine Waschmittel nach 10—100 Wäschen   0,45—0,60 = =

Gefüllte Waschmittel nach der 10. Wäsche   0,95 = =

= = = = 20. =   1,82 = =

= = = = 30. =   2,35 = =

= = = = 40. =   3,16 = =

= = = = 50. =   4,12 = =

= = = = 60. =   5,14 = =

= = = = 70. =   5,45 = =

= = = = 80. =   5,75 = =

= = = = 90. =   6,57 = =

= = = = 100. =   6,92 = =

Mit der Steigerung der Anzahl der Wäschen tritt somit eine stetige Zunahme des Aschengehaltes ein. Die prozentuale Steigerung wird jedoch mit zunehmender Anzahl der Wäschen fortdauernd geringer. Ein direkter Zusammenhang zwischen dem Aschegehalt und der Haltbarkeit des Waschgutes liegt nur in sofern vor, als dem Aschegehalt bei größerer Anzahl der Wäschen auch die geringste Festigkeit des Waschgutes entspricht. Im übrigen steht jedoch die Höhe der Aschenzunahmen mit der Größe der Festigkeit bei den einzelnen Waschstufen in durchaus keinem Zusammenhang. Auch die von Kind gemachte Annahme, daß die ausgeschiedenen anorganischen Salze eine verstärkende Verkittung der Baumwollfasern bewirken, wird nicht bestätigt. Die bis etwa zur 10. Wäsche beobachtete Zunahme der Zerreißfestigkeit kann keinesfalls hierauf zurückgeführt werden. Vor allem auch darum nicht, weil sie bei der reinen, keine Zunahme des Aschengehaltes aufweisenden Wäsche eine erheblich stärkere ist, als bei Wasserglas trotz dieser Zunahme.

Die Erscheinung des hohen Aschegehaltes bei mit gefüllter Seife häufig gewaschenen Wäschetuchen bildet eine Erklärung der schon früher mitgeteilten Erfahrung von Vohl, daß sehr aschehaltige Charpie einen nachteiligen Einfluß bei der Wundbehandlung durch Reizung der Wunde ausübte. Eine Anhäufung bis zu 7% Mineralstoffen, wie sie bei einem hundertmal gewaschenen Material stattfindet, bedingt selbstverständlich einen sehr viel härteren Griff dieses Materials gegenüber dem mit reinen Waschmitteln gewaschenen. Die Angabe von Leimdörfer[1]), wonach nur das mit wasserglashaltigen Waschmitteln gewaschene Leinen einen solchen harten Griff annehmen soll, fanden wir demnach nicht bestätigt.

Alle früheren Beobachter, von Chevreul und Verzelius ab, nehmen an, daß durch die Wasserglaswäsche ein sehr rascher Verschleiß der Wäschestücke bedingt wird, weil, wie schon gesagt, durch Einlagerung der Silikate ein starkes Zerreiben, Wolligwerden und Zerschneiden der Wäschestücke stattfinden soll.[2]) Positive Beobachtungen und genaue Untersuchungen, die zur Bestätigung dieser Annahme dienen könnten, fanden wir jedoch nicht.

Das Mikroskop macht die auf der Faser befindlichen Silikate deutlich sichtbar. Sie zeigen sich mehr als borkige Auflagerungen als in der Form von Einlagerungen. Durch die mechanische Behandlung beim Waschen sind offenbar die meisten dieser Auflagerungen schon zertrümmert worden. Von einem krystallinischen Gefüge kann daher nicht mehr die Rede sein, und es ist unwahrscheinlich, daß ein solches vorher vorhanden war. Die Ausscheidungen scheinen vielmehr vollkommen amorph zu sein.

---

[1]) Seifensiederzeitung 1908, S. 1271.
[2]) Muspratt's Handbuch der technischen Chemie, 3. Aufl. VI. Band S. 1067.
Dr. K. Löffl, Kunststoffe 1916, S. 239.

Stärkere Einlagerungen in die Baumwollfaser selbst oder gar Einschnitte in die Zellwände durch Krystalle, wie sie Vohl beobachtet haben will, konnten wir trotz großer Bemühungen niemals bemerken, ebenso wenig eine durch Ablagerung von Kieselsäure oder ihren Salzen in den Zellen der Fasern veranlaßte Volumvergrößerung, wie sie Calvert für wahrscheinlich hält. Von einer von diesen beiden Verfassern behaupteten Zerstörung durch die Expansivkraft oder eine von den Krystallen ausgeübte mechanische Wirkung im Innern der Faser kann daher nicht gesprochen werden. Dagegen beobachteten wir auch die angeführte Rauhheit und die unebene wollige Oberfläche der Faser. Die Ursache dieser Erscheinungen liegt jedoch nicht in einer speziellen Wirkung des Wasserglases, sondern in der Waschwirkung überhaupt, da sich zwischen den mit gefüllten und ungefüllten Fabrikaten angestellten Wäschen kein grundlegender Unterschied beobachten ließ. Das mit reiner Seife und Seifenpulver behandelte Garn ist deutlich wolliger als das mit den gefüllten Stoffen behandelte, nach dergleichen Anzahl von Wäschen, was unbedingt auf die stärkere Waschwirkung der reinen Fabrikate zurückzuführen ist.

Daß es sich tatsächlich mehr um eine Auflagerung auf die Faser als um die Fixierung des unlöslichen Silikatniederschlages innerhalb der Zellwände handelt, ergibt sich aus der leichten Entfernbarkeit des letzteren bei vorsichtiger Behandlung mit verdünnter Salzsäure. Der Aschegehalt der siebzigmal gewaschenen Probe ging sofort von 5,45 auf 2,90 % zurück, bei der 100. Wäsche von 6,92 auf 2,03 %.

Eine nachteilige Wirkung der Aschenbestandteile in Bezug auf einen rascheren Verschleiß könnte somit nur dadurch zur Geltung kommen, daß die Fasern durch innige Berührung und fortdauernde Bewegung mit den harten mineralischen Substanzen allmählich zerrieben werden. Wir versuchten diesen Bedingungen dadurch zu entsprechen, daß wir zwei Proben des achtzigmal gewaschenen Waschgutes eine Viertelstunde lang zwischen den Händen möglichst gleichmäßig rieben.

Es traten dadurch die folgenden weiteren Festigkeitsabnahmen ein:

Reine Wäsche Festigkeitsabnahme: . . . 11,18%
Wasserglaswäsche Festigkeitsabnahme: . . 3,20%

Bei einem zur Kontrolle angestellten Gegenversuch begnügten wir uns nicht mit viertelstündigem gleichmäßigen Reiben, sondern nahmen statt dessen einen dreiwöchentlichen Tragversuch vor. Das Resultat desselben war ein ganz ähnliches:

Reine Wäsche Festigkeitsabnahme: . . . 5,18%
Wasserglaswäsche Festigkeitsabnahme: . . 1,10%

Die Versuche wurden noch mehrmals bei einer anderen Höhe der vorgenommenen Wäschen kontrolliert, und es zeigte sich hier, ebenso wie bei dem Mitgeteilten, nur ein stärkerer Einfluß auf die ohnehin schon stärker mitgenommene Festigkeit der mit den reinen Fabrikaten vorgenommenen Wäschen, während das mit den gefüllten Waschmitteln behandelte Waschgut, das so wie so noch stärker war, infolge seiner größeren Festigkeit bei dieser mechanischen Beanspruchung etwas weniger abnahm. Von einer mechanischen Einwirkung der Silikate kann jedoch keine Rede sein, weil anderenfalls die Wasserglaswäsche durch Reibung mindestens ebenso stark abgenommen haben müßte wie das silikatfreie Waschmaterial, was niemals der Fall war.

Wenn trotzdem frühere Beobachter die Annahme machen zu dürfen glaubten, daß durch eine Einlagerung von Silikaten bei der Wasserglaswäsche ein Zerreiben, Wolligwerden und Zerschneiden der Fasern eintreten sollte, so ist diese Annahme in doppelter Hinsicht unrichtig. Einmal findet im besten Falle nur eine ganz geringe Einlagerung statt, wie durch die leichte Entfernbarkeit des Niederschlages mit Salzsäure bewiesen wird. Es handelt sich vielmehr nur um lose Auflagerungen, die schon beim Reiben des trocknen Materials teilweise entfernt werden können, wie die Aschebestimmungen der geriebenen Proben deutlich ergeben. Starkes Stauben beim

Klopfen des mit Wasserglasfabrikaten häufig gewaschenen Garnes weist ebenfalls auf die nur lose Verbindung des Niederschlages mit der Faser hin. Das mit reinen Waschmitteln gewaschene Material staubt dagegen fast garnicht. Ein Zerschneiden der Baumwollfasern durch den Silikatniederschlag konnte, wie schon gesagt, direkt nicht beobachtet werden, müßte sich jedoch bei den Zerreißversuchen gezeigt haben. Aber schon die mikroskopische Form des Niederschlages macht eine solche Wirkungsweise ziemlich unwahrscheinlich. Andererseits kann jedoch die Annahme gemacht werden, daß auch die lose aufgelagerten mineralischen Bestandteile beim Tragen reibend wirken und dadurch ein rascheres Verschleißen verursachen. Selbst dieses ist, wie die obigen Untersuchungen ergeben haben, nicht der Fall. Die Haltbarkeit der Wäschestücke beim Reiben, Tragen usw. wird vielmehr lediglich durch den Grad des chemischen Angriffes der Waschmittel bedingt. Eine etwas stärkere Beeinträchtigung durch die Wäsche selbst wird im Verschleiß umsomehr zur Geltung kommen, je stärker dieser ist. Die mit gefüllten Waschmaterialien behandelten Wäschestücke zeigen eine geringere Reinheit und Einwirkung der Wäsche; sie sind demnach dem Verschleiß weniger ausgesetzt.

Die Versuche über den Einfluß des Verschleißes beim Waschen mit wasserglasgefüllten Waschmitteln haben somit das gleiche Resultat gezeitigt wie die Versuche mit der Wäsche selbst. Auch bezüglich des Verschleißes kennzeichnet sich die Wirkung der gefüllten Waschmittel gegenüber den reinen als eine um so viel geringere, wie sie der Füllung, bezw. den Verschnitt der Waschmittel entspricht.

Über die Wirkung des Wasserglases bei Verwendung sehr harter Waschwässer finden sich gleichfalls zahlreiche Angaben in der Literatur. Hiernach soll eine solche Füllung in Verbindung mit kalk- und magnesiareichem Wasser beim Waschen besonders ungünstig wirken. Ausführliches experimentelles Material, auf das sich diese Annahme stützen könnte, findet man an diesen Stellen ebenso wenig wie an den früher mitgeteilten. Bein[1]) gibt an, daß manchen Seifenpulvern, wie auch häufig der Seife selbst, in unzulässigem Maße Beschwerungsmittel von allerlei Art zugesetzt zu werden pflegen und zwar meistens Wasserglas. Die leichte Zersetzlichkeit desselben wird vielfach dahin gedeutet, daß es durch chemische Umsetzung eine Ersparnis an Seife verursacht, indem sich in hartem Wasser kieselsaures Kalzium, bezw. Magnesium bildet, während das frei werdende Alkali durch Verseifen der Fette reinigend wirkt. Nach den von ihm angestellten Versuchen unterläßt man besser einen solchen Zusatz, da einerseits die ätzenden Eigenschaften des in größerer Menge freiwerdenden Alkalis in manchen Fällen zu befürchten sind, andererseits bei nicht genügendem Abspülen und nachherigem Trocknen die abgeschiedene Kieselsäure die Ursache des Brüchigwerdens sein kann. Nach ihm darf jedenfalls ein beschränkter Zusatz noch als unschädlich betrachtet werden. Nach Löbner[2]) kann man in Halbwollgeweben Stroh, Kletten usw. entfernen, wenn man mit Wasserglas eine Karbonisationswirkung ausübt. Es folgt daraus nach Schwalbe[3]), daß Wasserglas der Zellulose als Waschmittel nicht gerade zuträglich sein wird, wenn man das Waschgut sorgfältig ausspült und dann der Hitze des Bügeleisens aussetzt. Für die Anwendung des Wasserglases in der Textilindustrie wird angegeben[4]), daß in jedem Falle nach dem Wasserglasbade heißes Spülen erforderlich ist, besonders wenn die Waren gebleicht werden müssen, um zu verhindern, daß sich die Kieselsäure während des Bleichens mit dem Kalk verbindet, da diese Verbindung nicht leicht zu entfernen ist, nicht einmal durch starke Säuren.

Neben den schon erwähnten großen Schwierigkeiten, die eine einwandfreie Feststellung der Wasserglaswirkung in Seifen und Seifenpulvern ohnehin schon mit sich bringt, ist

---

[1]) Bein-Berlin, Die chemischen Vorgänge beim Waschen. Chemiker-Zeitung 1908, S. 936.

[2]) Löbner, Die Karbonisation, S. 73.

[3]) Schwalbe, Chemie der Zellulose, S. 91.

[4]) Leipziger Färber-Zeitung 1890, S. 228.

es selbstverständlich nicht möglich, auch die Wirkung aller jener Nebenumstände zu berücksichtigen, die den Waschprozeß ungünstig beeinflussen oder die durch eine unrichtige Ausführung desselben bedingt werden. Die nur bei allergrößter Sorgfalt und genauer Innehaltung der Versuchsbedingungen einigermaßen regelmäßigen und von Zufällen unbeeinflußten Waschresultate werden sofort wieder äußerst unregelmäßig und sind als Grundlage einwandfreier Schlußfolgerungen vollkommen unbrauchbar. Die so erhaltenen Resultate sind daher nur in sehr begrenztem Sinne brauchbar und nur, wenn man lediglich die Veränderungen gegenüber der schon geprüften ordnungsmäßigen Wäsche feststellt.

Was zunächst die Wirkung des schlechten Ausspülens der Wäsche anbelangt, so ist es ganz unzulässig, etwa in der Weise prüfen zu wollen, daß man die schlecht gespülten Wäschestücke heiß bügelt, um auf diese Weise die Wirkung einer etwaigen Karbonisation und Schädigung durch noch auf der Faser vorhandenes Wasserglas festzustellen. Ein solcher Versuch muß nach unseren genauen Feststellungen völlig zurückgewiesen werden und gibt nur zu Täuschungen Anlaß, weil selbst bei absichtlichem Zufügen von Wasserglas zur Faser eine Karbonisation beim Bügeln nicht immer einzutreten braucht. Vielmehr findet zunächst eine Zunahme der Zerreißfestigkeit infolge der mercerisierenden Wirkung des in sehr geringer Menge zu freiem Alkali jonisiertem Wasserglas statt. Eine Abnahme kann erst eintreten, wenn die Einwirkung ein gewisses Maß überschritten hat. Ferner ist zu beachten, daß eine Abnahme der Zerreißfestigkeit, selbst bei reiner Baumwolle, die nur mit Wasser angefeuchtet wurde, in allen Fällen festgestellt werden kann, wenn das Zerreißen sofort nach dem Bügeln vorgenommen wird. Erst nach Neuaufnahme der Luftfeuchtigkeit durch längeres Lagern nimmt die gebügelte Baumwolle, falls sie unbeschädigt blieb, ihre normale Festigkeit wieder an. Bei geringer Alkalieinwirkung verwandelt sich hierbei die zunächst eintretende Abnahme sogar in eine Zunahme der Feuchtigkeit, die, wie von uns mehrfach beobachtet werden konnte, den ursprünglichen Wert unter Umständen sogar erheblich zu überschreiten vermag.

Um eine Schädigung der Faser durch noch auf derselben befindliches Wasserglas bei absichtlich schlechtem Spülen des Waschgutes feststellen zu können, bedarf es einer sehr sorgfältigen Behandlung des zu prüfenden Materials bei genau bestimmten höheren Temperaturen und während eines auf das sorgfältigste eingehaltenen Zeitraumes. Zur Feststellung des Grades der Wasserglaseinwirkung sind genaue Zerreißproben bei bestimmten Luftfeuchtigkeitsgehalt notwendig. Unter den gleichen Bedingungen muß auch eine wasserglasfreie Gegenprobe behandelt werden, und erst ein etwaiger Unterschied zwischen beiden würde auf eine Schädigung des Fasermaterials durch schlechtes Spülen der Wasserglaswäsche schließen lassen.

Unsere, unter den mitgeteilten Bedingungen angestellten Versuche ergaben eine solche Schädigung, wenigstens unter den gewöhnlichen Waschbedingungen, nicht. Das mit Wasserglaswaschmitteln gewaschene und absichtlich schlecht gespülte Baumwollgarn zeigte innerhalb der gegebenen Fehlergrenze bald eine etwas größere, bald eine etwas geringere Festigkeit als die mitgewaschene Kontrollprobe. Beide Proben müssen demnach als praktisch gleichwertig angesehen werden, und eine Schädigung bei schlechtem Spülen durch die Einwirkung geringer Mengen von Wasserglas kommt praktisch bei 20% Wasserglasfüllung nicht in Betracht. Besonders konnte auch die in der Literatur[1]) häufig gemachte Angabe, daß die Kohlensäure der Luft und die Luftfeuchtigkeit einen schädigenden Einfluß durch Volumvermehrung und frei werdendes Alkali auf die Haltbarkeit der Wäschestücke ausüben, nicht beobachtet werden, wenn vielleicht auch die Möglichkeit besteht,

---

[1]) Deutsche Färber-Zeitung 1904, S. 658.

Walland, Kenntnis der Wasch-, Bleich- und Appreturmittel, 1913, S. 99.

Muspratt's Handbuch der technischen Chemie, 3. Aufl., VI. Band, S. 1067.

daß dies bei sehr viel Wasserglas enthaltenden Textil=
materialien unter den vorliegenden Bedingungen der Fall ist.

Dieselben Vorsichtsmaßregeln sind einzuhalten, wenn es
sich darum handelt, eine etwaige schädigende Wirkung der
durch die Wasserhärte auf den Wäschestücken hervor=
gerufenen Ablagerungen auf die Haltbarkeit des Materials
zu prüfen. Wie früher schon angegeben wurde, steigt der
Mineralgehalt des Waschgutes bei längerem Waschen auch mit
sehr weichem Wasser fortgesetzt, so daß bei der hundertsten
Wäsche 6,92% Asche festgestellt werden konnten. Bei Ver=
wendung eines Wassers von 11 bis 12 deutschen Härtegraden
an Stelle des weichen von nur $^1/_2$ bis 1° zeigte sich kein irgend=
wie bemerkenswerter Unterschied. Der Aschegehalt blieb un=
gefähr derselbe, und in keinem der beiden Fälle konnte irgend
eine Schädigung beim Erhitzen des trocknen Materials durch
die darauf befindliche mineralische Substanz festgestellt werden.

Dieses Resultat wird verständlich, wenn man daran
denkt, daß das Wasserglas mit dem Kalk oder der Magnesia
des Wassers bei Gegenwart von Seife in derartig verdünnten
Lösungen überhaupt nicht in Reaktion zu treten vermag. Es
ist bekannt, daß man hartes Wasser durch Zusatz von Seife
weich machen und vollständig vom Kalke zu befreien vermag,
weil sich aus der Fettsäure der Seife und dem Kalk des
Wassers sofort eine unlösliche Kalkseife bildet, die sich an der
Oberfläche absetzt und mit Leichtigkeit abgesondert werden
kann. Eine solche Wasserreinigung ist beispielsweise in der
Färberei allgemein üblich.

Die sehr schwache Kieselsäure des Wasserglases findet
dann überhaupt keine Gelegenheit, mit dem Kalk oder der
Magnesia des Wassers in Reaktion zu treten, weil die relativ
stärkere Öl= und Fettsäure der Seife die vorhandene Menge
sofort ausfällt. Eine Ersparnis von Seife durch Freiwerden
von Alkali infolge des Wasserglasgehaltes der letzteren, wie
sie Bein a. a. O. angibt, kann daher niemals stattfinden
oder ist doch so gering, daß sie nirgendwo in Erscheinung
treten kann. Die wasserglasfreien Waschmaterialien spalten,

entsprechend ihrem höheren Seifengehalt, größere Mengen Alkali ab als die wasserglasgefüllten und zeigen damit, neben stärkerer Alkaliwirkung, eine viel größere Reinigungskraft, wie früher schon eingehend ausgeführt wurde.

Die bemerkenswerte Tatsache, daß der Mineralgehalt des Waschgutes auch bei Verwendung des harten Wassers an Stelle des weichen nicht steigt, bildet einen weiteren Beweis für den Verlauf der Reaktion in dem angegebenen Sinne, ebenso die Tatsache, daß auch bei der Verwendung harten Wassers sich kein die Faser irgendwie schädigender Niederschlag auf derselben absetzt. Unsere nach dieser Richtung hin angestellten und sehr eingehenden Versuche bewiesen ein genau gleiches Verhalten der unter denselben Bedingungen gewaschenen und geprüften Wäschestücke, gleichgültig, ob dieselben in hartem oder in weichem Wasser gewaschen worden waren. Die Angabe von Kind [1]), daß das Vergilben durch die Bildung von Kalksalzen hervorgerufen sei, kann angesichts des in hartem und weichem Wasser gleichbleibenden Aschegehalts nicht als richtig angesehen werden. Stärkeres Vergilben bei Benutzung harten Wassers konnte von uns nicht beobachtet werden. Auch Theiß [2]) gibt an, daß gekalkte ebenso leicht wie nicht gekalkte Bleichware zuweilen nachgilbt. Nur eine stark ausgesprochene Magnesiahärte wirkte aus anderen, noch nicht näher feststellbaren Gründen, vergilbend, wahrscheinlich bilden sich, in Verbindung von Fett- und Schmutzstoffen geringe Spuren gelbfärbender Magnesiaverbindungen noch unbekannter Art.

Die zahlreichen Angaben in der Literatur, nach denen sich sehr erhebliche Mengen von Kalk oder Magnesiasilikaten beim Waschen mit wasserglashaltigen Waschmitteln auf der Faser absetzen, sind zweifellos auf Chevreul und Berzelius zurückzuführen und werden in ihrer Einwirkung auf die Faser von allen späteren Verfassern ohne

---

[1]) Kind, a. a. O.
[2]) Dr. F. C. Theiß, Die Strangbleiche, S. 365.

eigene Kritik und Nachprüfung übernommen. Wie früher schon angegeben, soll dadurch ein Rauhwerden und Zerschneiden der Zellulosefaser durch die scharfen Krystalle dieser Salze stattfinden, und es soll durch Wasserglas ein Freiwerden so großer Alkalimengen eintreten, daß die Faser geschädigt wird. Der Irrtum dürfte wohl nur darauf zurückzuführen sein, daß ähnliche Reaktionen im Reagensglase beim Versetzen einer Kalk- und Magnesialösung mit einer solchen von Wasserglas eintreten. Die Bedingungen des Reagensglasversuchs sind jedoch vollkommen andere, als sie beim praktischen Waschprozeß vorliegen, nicht nur, weil es sich im Reagensglas um sehr viel konzentriertere Lösungen handelt, sondern auch weil, wie oben angegeben, die Fettsäure der Seife eine sehr viel größere Reaktionsfähigkeit zeigt als die Kieselsäure des Wasserglases. Im Reagensglase ist es garnicht möglich, so verdünnte Kalk- oder Magnesialösungen einerseits, wie sie weniger hartes Wasser darstellt, mit so verdünnten Seifenlösungen, wie sie in der Wäsche vorliegen, zur deutlichen Reaktion zu bringen. Hier ist allein der praktische Waschversuch ausschlaggebend, und dieser zeitigt ein ganz entgegengesetztes Resultat als der unter ganz anderen Bedingungen vorgenommene Reagensglasversuch.

Von dem Gesichtspunkte ausgehend, daß fast alle im praktischen Gebrauch befindlichen Wäschestücke aus gebleichter Baumwolle angefertigt sind, wurden die beschriebenen Versuche und Untersuchungen vergleichsweise auch auf **gebleichtes Baumwollgarn** ausgedehnt. Sieht man hierbei von den durch das Material bedingten bisweilen vorkommenden Unregelmäßigkeiten ab, so ergeben dieselben mit den auf rohem Material erhaltenen genau übereinstimmende Resultate. Gebleichte Baumwolle zeigt gegenüber roher eine durch den Bleichprozeß hervorgerufene etwas geringere und weniger gleichmäßige Festigkeit; das Material ist weicher, offener und daher dem Angriff der Waschmittel stärker ausgesetzt. Es nimmt deshalb an Festigkeit bei länger fortgesetztem Waschen auch mehr ab als ungebleichtes Material.

Fehler beim Bleichen, die in einer mehr oder weniger oberflächlichen Umwandlung der Zellulose in Oxyzellulose oder Hydrozellulose bestehen, beeinträchtigen selbstverständlich die Haltbarkeit beim Waschprozeß in sehr weitgehendem Maße. Es ist aber erwähnenswert, daß sich bei dem von uns ausgeführten Waschprozeß nicht die geringste Spur von Oxy- oder Hydrozellulose gebildet hatte, obwohl gleichfalls ein vollständiges Ausbleichen des rohen Materials stattfand. Dieser Umstand ist besonders geeignet, die Milde und Brauchbarkeit guter Kernseife als Waschmittel zu zeigen.

Unter dem Einfluß des Wasserglases ist das gebleichte Baumwollmaterial wegen seiner größeren Reinheit zum Vergilben naturgemäß viel mehr geneigt als die im Anfang braungelb gefärbte und erst bei länger fortgesetztem Waschen ausbleichende rohe Baumwolle. Der Aschegehalt der gebleichten Faser ist schon nach dem Bleichprozeß etwas höher als derjenige der rohen Faser und steigt, infolge der Offenheit des Materials, beim Waschen noch erheblich. Im allgemeinen läßt sich sagen, daß die Haltbarkeit gebleichter Baumwolle gegenüber einem gleichen Rohmaterial bei fortdauerndem Waschen wesentlich geringer ist, als man gemeinhin annimmt.

Mit Rohleinen und mit gebleichtem Leinen wurden die Versuche und Untersuchungen ebenfalls in genau derselben Weise durchgeführt. Die harte Leinenfaser vermag einem häufigen Waschen viel weniger Widerstand entgegenzusetzen als die weichere Baumwolle. Hat einmal ein Angriff auf die Faser durch den Waschprozeß stattgefunden, was sich durch Rauh- und Wolligwerden der Fäden zeigt, so ist der Zeitpunkt eingetreten, von dem ab die Festigkeit bei weiterem Waschen sehr rapide abnimmt. Dieser Punkt tritt bei den wasserglasgefüllten Waschmitteln merklich später ein als bei den energischer wirkenden ungefüllten.

Gebleichtes Leinen zeigt gegenüber dem Rohleinen, ähnlich wie es bei Baumwolle der Fall ist, eine erheblich geringere Widerstandsfähigkeit. Der Unterschied ist wesentlich größer als bei der letzteren Faser, was aber wohl weniger

auf den Waschprozeß als auf die vorhergegangene Leinen=
bleiche zurückgeführt werden muß. Diese sehr harte und von
Natur besonders stark verunreinigte Faser bietet beim Bleichen
die größten Schwierigkeiten. Sie wird daher bekanntlich
durch den Bleichprozeß auch im besten Falle verhältnißmäßig
mehr angegriffen, als die weichere und weniger verunreinigte
Baumwollfaser. Die beobachtete besonders große Unregel=
mäßigkeit beim Zerreißen der vorgebleichten Leinenwäsche
ist zweifellos nur hierauf zurückzuführen.

Die Einwirkung der wasserglasgefüllten Waschmittel
beim Waschen von **wollenen** und **halbwollenen**
Waren muß unter besonderen, vom Waschen der vegeta=
bilischen Fasern abweichenden Gesichtspunkten festgestellt
werden. Über die nach dieser Richtung hin angestellten Ver=
suche hoffen wir, später noch berichten zu können.

Eine interessante Bestätigung des wichtigsten Resultates
der vorliegenden Arbeit, nämlich daß eine Füllung mit
Wasserglas die Waschwirkung von Seife und Seifenpulver
wohl herabsetzt, im übrigen aber bei richtiger Anwendung
direkt keine schädigende Wirkung auszuüben vermag, bilden
die mit **gefärbtem Baumwollmateriale** ange=
stellten Waschversuche. Selbst in besonders waschechten Farben,
wie Indigo, Türkischrot, Indanthrenfarben, Schwefelschwarz,
Catechubraun usw., ausgefärbtes Baumwollgarn, zeigt nach
etwa 20 bis 30 maliger Wäsche naturgemäß ein sehr stark ver=
waschenes Aussehen, wobei daran erinnert sein mag, daß die
Wäsche in der bei der Prüfung waschechter Farben üblichen
Weise kochend, jedoch mit sehr viel höherem Zusatz an Wasch=
mitteln vorgenommen wurde. Bei den in der Färberei vor=
genommenen Waschechtheitsprüfung begnügt man sich mit
einstündigem Kochen, während dieses hier 20 bis 30 mal
wiederholt wurde. Es wurde also auch 20 bis 30 mal stärker
geprüft als es sonst üblich ist.

Mit fast jeder Wäsche trat ein bemerkbarer Rückgang in
der Farbe ein, der jedoch bei der Wasserglaswäsche meistens

deutlich geringer war, als bei den ungefüllten Waschmitteln. Wenn hin und wieder einmal eine Farbe augenscheinlich durch die Wasserglaswäsche etwas mehr gelitten hatte, so glich sich diese Ausnahme bei fortgesetztem Waschen wieder aus. Das farbengeübte Auge vermag eben hier ganz außerordentlich geringe Unterschiede, wie sie vielleicht durch kleine unkontrollierbare Zufälligkeiten bei einem einzelnen Waschprozeß bedingt werden, noch deutlich wahrzunehmen. Gerade durch diese deutliche Wahrnehmbarkeit bildet der stetig geringere Rückgang der Farben bei der Wasserglaswäsche einen äußerst wichtigen Beweis für die geringere Waschwirkung und das schwächere chemische Angriffsvermögen der gefüllten Waschmittel. Gleichzeitig aber auch für die Unschädlichkeit dieser Füllung.

Nicht unerwähnt bleiben darf, daß die Seife durch Wasserglasfüllung zunächst ganz bedeutend weicher erscheint als eine ungefüllte Seife von demselben Fettsäuregehalt. Später tritt, wie auch von uns beobachtet, größere Härte und dadurch bedingte verringerte Löslichkeit der Kernseife ein. Dies zeigt sich besonders in einem sparsameren Gebrauch bei der Verwendung als Händewaschseife, dürfte sich aber auch im Hausverbrauch, z. B. beim Einseifen der Wäsche, deutlich geltend machen. Wahrscheinlich aus diesem Grunde werden derartige Seifen im Handel als Sparkernseife bezeichnet. Die wasserglasgefüllten Seifen reiben sich im Gebrauche weniger ab als die reinen Kernseifen und zergehen weniger beim Liegen in der Nässe. Kernseife, die sehr naß gelagert hat, gibt beim ersten Gebrauche die ganze durchweichte Seifenschicht ab. Bei den wasserglasgefüllten Seifen ist diese nicht unerheblich dünner als bei den reinen Kernseifen.

Die wichtigsten Resultate der vorliegenden Arbeit lassen sich wie folgt kurz zusammenfassen:

1. Die Waschwirkung mit Wasserglas gefüllter Seifen und Seifenpulver ist gegenüber reiner Seife und Seifenpulvern eine geringere.

2. Dem Füllmittel ist eine, wenn auch geringere Reinigungswirkung zuzusprechen; die Herabsetzung der Waschfähigkeit der gefüllten Seife entspricht genau der Menge des Wasserglases.

3. Ordnungsmäßig mit Wasserglas gefüllte Seife und Seifenpulver haben trotz des größeren Laugenzusatzes eine geringere kontrahierende Wirkung auf die Pflanzenfasern als die reinen Materialien.

4. Die fadenschwächende Wirkung reiner Seife und Seifenpulver ist, entsprechend der größeren Reinigunskraft, eine etwas größere als die der wasserglasgefüllten Waschmittel. Faserzerstörende Eigenschaften besitzt das Wasserglas bei nicht zu starker Füllung der Waschmittel und richtiger Wäsche demnach nicht.

5. Die größere Wasch- und Bleichwirkung der reinen Materialien zeigt sich besonders im Ausbleichen roher Baumwolle bei häufigem Waschen. Mit wasserglasgefüllten Waschmitteln gewaschene naturbraune Baumwolle wird weniger weiß.

6. Der Wasserglaszusatz ist auf das Vergilben der Wäsche direkt ohne Einfluß; jedoch bleibt das Weiß der mit ungefüllten, nicht gilbenden Waschmitteln erhaltenen Wäsche erheblich reiner als das bei Verwendung wasserglasgefüllter Fabrikate erhaltene.

7. Je öfter die Wäsche mit wasserglashaltigen Waschmitteln gewaschen wird, desto mehr ist sie dem Vergilben ausgesetzt.

8. Mit steigender Anzahl der Wäschen tritt bei wasserglasgefüllten Waschmitteln eine Anhäufung mineralischer Bestandteile in den Wäschestücken ein, während dieser Gehalt bei der Verwendung reiner Waschmittel ziemlich gleich bleibt.

9. Die Zunahme des mineralischen Aschegehaltes wird mit steigender Zahl der wasserglashaltigen Wäschen fortdauernd geringer.

10. Die Anhäufung der mineralischen Bestandteile bedingt ein allmähliches Härterwerden der Wasserglaswäsche, wogegen die mit reinen Waschmitteln gewaschene Wäsche weicher bleibt.

11. Die Festigkeit des Waschgutes steht mit der Höhe der Mineralbestandteile in keinem nachweisbaren Zusammenhang.

12. Die den höheren Aschegehalt ausmachende Kieselsäure hat kein Zerschneiden der Fasern zur Folge, sondern bewirkt nur lose Auflagerungen auf der Faser.

13. Die mit wasserglasgefüllten Waschmitteln gewaschene Wäsche staubt stärker als die mit reinen Waschmitteln gewaschene. Die unter dem Mikroskop deutlich sichtbaren Auflagerungen lassen sich durch vorsichtige Behandlung mit heißer verdünnter Salzsäure größtenteils entfernen.

14. Eine Schädigung der Wasserglaswäsche durch Verreiben mit den mineralischen Auflagerungen kann ohne weiteres nicht hervorgerufen werden.

15. Die Rauhheit und das Wolligwerden häufig gewaschenen Fasermaterials ist nicht auf eine Wirkung des beigemischten Wasserglases, sondern allgemein auf eine stärkere Waschwirkung zurückzuführen und beim Gebrauch reiner Waschmittel erheblicher als bei den gefüllten.

16. Die Wäschestücke sind umsomehr dem Verschleiße ausgesetzt, je mehr sie durch die Reinigung selbst schon gelitten haben. Gut gewaschene Wäsche schleißt daher stärker als mit wasserglasgefüllten Waschmitteln gewaschene.

17. Gutes Spülen des Waschgutes ist dringend erforderlich. Schlechtes Spülen bei Wasserglasfüllung vermehrt die Auflagerung von Kieselsäure und damit den Aschegehalt. Sie verursacht jedoch keine nachweisbaren Zerstörungen beim Erhitzen oder Bügeln der Wäsche.

18. Durch die Verwendung eines härteren Waschwassers wird der Aschegehalt des Waschgutes bei Verwendung wasserglashaltiger Waschmittel ohne weiteres nicht erhöht. Die auf der Faser niedergeschlagenen Mineralstoffe sind nicht schädlicher als beim Waschen mit weicherem Wasser.

19. Die Waschwirkung auf gebleichten und ungebleichten Textilmaterialien, auf Baumwolle und Leinen ist bezüglich des Verhaltens der Wasserglasfüllung im wesentlichen dieselbe.

20. Bei häufigem Waschen in waschechten Farben gefärbten Waschgutes zeigt sich die geringere Reinigungswirkung der wasserglasgefüllten Waschmittel gegenüber den reinen besonders deutlich. Die Farben werden von den nicht gefüllten Waschmitteln allmählich stärker verwaschen, als von den gefüllten.

21. Wasserglasgefüllte Seife ist zunächst weich, zeigt sich jedoch später infolge einer größeren Härte und geringeren Löslichkeit beim Gebrauche sparsamer als ungefüllte Kernseife.

Emil Dreyer's Buchdruckerei, Berlin SW.

Verlag von Julius Springer in Berlin W 9

Die Kalkulation und Organisation in Färbereien und verwandten Betrieben

Ein kurzer Ratgeber für Chemiker, Koloristen, Techniker, Meister und Kaufleute in Färbereien, Druckereien, Bleichereien, Chemisch-Wäschereien, Appreturanstalten, Textilfabriken usw.

Von Dr. **W. Zänker,** Leiter der Färberei-Schule in Barmen

Preis gebunden M. 2,40

Die Apparatfärberei der Baumwolle und Wolle

unter Berücksichtigung
der Wasserreinigung und Apparatbleiche der Baumwolle

Von **E. J. Heuser**

Mit 191 Textfiguren

In Leinwand gebunden Preis M. 8,—

Die Apparatfärberei

Von Dr. **Gustav Ullmann**

Mit 128 Textfiguren

In Leinwand gebunden Preis M. 6,—

Kenntnis der Wasch-, Bleich- und Appreturmittel

Ein Lehr- und Hilfsbuch für technische Lehranstalten
und für die Praxis

Von Ing.-Chem. **Heinrich Walland,**
Professor an der k. k. Lehranstalt für Textilindustrie in Brünn.

Mit 46 Textfiguren

In Leinwand gebunden Preis M. 10,—

Über Waschechtheit, waschechte Färbungen und die Prüfung derselben

Ergebnisse aus den Untersuchungen der Abteilung 3 des Königl. Materialprüfungsamtes für papier- und textil-technische Prüfungen

Von Professor Dr. **Paul Heermann**

Preis M. 1,—

Zu beziehen durch jede Buchhandlung

If you have any concerns about our products,
you can contact us on
ProductSafety@springernature.com

In case Publisher is established outside the EU,
the EU authorized representative is:
**Springer Nature Customer Service Center GmbH
Europaplatz 3, 69115 Heidelberg, Germany**

Printed by Libri Plureos GmbH
in Hamburg, Germany